危险化学品生产许可证专业审查员

培 训 教 材

（无机类——氯碱）

全国工业产品生产许可证办公室　编著

中国质检出版社
中国标准出版社
北京

图书在版编目（CIP）数据

危险化学品生产许可证专业审查员培训教材. 无机类. 氯碱/全国工业产品生产许可证办公室编著.—北京：中国标准出版社，2014.5

ISBN 978-7-5066-7172-9

Ⅰ.①危… Ⅱ.①国… Ⅲ.①氯碱生产－化工产品－危险物品管理－生产许可证－安全审核员－技术培训－教材 Ⅳ.①TQ086.5

中国版本图书馆 CIP 数据核字（2013）第 135944 号

中国质检出版社
中国标准出版社 出版发行
北京市朝阳区和平里西街甲 2 号（100029）
北京市西城区三里河北街 16 号（100045）
网址：www.spc.net.cn
总编室：(010)64275323 发行中心：(010)51780235
读者服务部：(010)68523946
中国标准出版社秦皇岛印刷厂印刷
各地新华书店经销

*

开本 880×1230 1/32 印张 2.125 字数 58 千字
2014 年 5 月第一版 2014 年 5 月第一次印刷

*

定价 27.00 元

编委会人员名单

前　　言

工业产品生产许可制度的宗旨是保证产品质量安全、贯彻国家产业政策、促进社会主义市场经济健康、协调发展。这项制度30年来的成功运行，得益于始终把队伍建设作为制度建设的关键和根本。目前，生产许可工作已经建立培养了一支近8 000名审查员组成的，能够有效履行监督管理职责，政治强、业务精、素质高的人才队伍。

社会主义市场经济体制和行政审批制度改革，对生产许可制度深化改革、加快创新提出了新要求。"打铁还需自身硬"，好的制度需要过硬的队伍来实施。为了进一步提高审查员队伍水平，全国工业产品生产许可证办公室不断推进审查员的专业化建设和培养，着力使审查员不仅懂质量、会管理，还能熟悉行业、了解技术，能够更加科学有效地开展审查和管理工作，真正从源头上强化工业产品质量安全保障能力。

为此，全国工业产品生产许可证办公室组织全国工业产品生产许可证审查中心、有关审查部等技术机构，先期开展了危险化学品生产许可证专业审查员培训工作调研、研讨，并编写了系列培训教材。每本教材围绕每类产品的生产许可实施细则，从产品和工艺简介、产品检验、专业要点、产品抽样、安全基础知识等方面，对专业审查员应知应会的业务能力进行阐述，帮助审查员不断提高专业化水平。

衷心希望广大生产许可证审查员通过本教材的学习，切实提高自身的专业技术水平，为推动提升生产许可的审查和管理工作做出新的贡献。尽管我们在编写过程中做了很多努力，但由于时间和水平的原因，难免有欠妥之处，请读者不吝指正，使教材能够不断完善，发挥应有的作用。

编委会
2013 年 12 月

目　　录

第一章　概述 ……………………………………………… （ 1 ）

　一、行业概况 …………………………………………… （ 1 ）

　二、产品概况 …………………………………………… （ 3 ）

　三、国家相关政策介绍 ………………………………… （ 5 ）

　四、生产许可证管理情况 ……………………………… （ 6 ）

第二章　产品、工艺简介 ………………………………… （ 7 ）

　一、典型产品性能 ……………………………………… （ 7 ）

　二、典型产品主要质量指标 …………………………… （ 11 ）

　三、典型生产工艺 ……………………………………… （ 18 ）

　四、主要生产设备 ……………………………………… （ 23 ）

第三章　产品检验 ………………………………………… （ 30 ）

　一、进货检验 …………………………………………… （ 30 ）

　二、过程检验 …………………………………………… （ 30 ）

　三、出厂检验 …………………………………………… （ 30 ）

　四、型式检验 …………………………………………… （ 34 ）

　五、典型检验设备 ……………………………………… （ 35 ）

第四章　专业条款核查要点 ……………………………… （ 39 ）

　一、专业条款分布 ……………………………………… （ 39 ）

　二、专业条款核查要点 ………………………………… （ 39 ）

　三、核查案例 …………………………………………… （ 51 ）

第五章　产品抽样 ……………………………………（54）

　一、抽样要求 …………………………………………（54）

　二、抽样单的填写 ……………………………………（55）

　三、抽样注意事项 ……………………………………（56）

第六章　安全基础知识 …………………………………（58）

参考文献 …………………………………………………（59）

第一章　概　　述

一、行业概况

氯碱工业属基本无机化工行业，主要产品有氯气和氢氧化钠（俗称烧碱），在国民经济和国防建设中占有重要地位。随着纺织、造纸、冶金、有机、无机化学工业的发展，特别是石油化工的兴起，氯碱工业得以迅速发展。

18 世纪，瑞典人 K. W. 舍勒用二氧化锰和盐酸共热制取了氯气（该方法称为化学法）。将氯气通入石灰乳中，可制得固体产物漂白粉，这对当时纺织工业的漂白工艺是一个重大贡献。随着人造纤维、造纸工业的发展，纺织和造纸成为当时消耗氯的两大用户，致使氯的需求量大增。化学法制氯的生产工艺持续了一百多年。

19 世纪初提出了电解食盐水溶液同时制取氯和氢氧化钠的方法（该方法称为电解法），但是直到 19 世纪末，大功率直流发电机研制成功，才使该法得以工业化。1890 年在德国建成了第一个制氯的工厂，1893 年在美国纽约建成第一个电解食盐水制取氯和氢氧化钠的工厂。第一次世界大战前后，随着化学工业的发展，氯不仅用于漂白、杀菌，还用于生产各种有机、无机化学品以及军事化学品等，20 世纪 40 年代以后，石油化工兴起，使得氯气需求量激增，以电解食盐水溶液为基础的氯碱工业开始形成并迅速发展。但是氯碱生产用电量大，降低能耗始终是电解法的核心问题，因此，提高电流效率，降低槽电压和提高大功率整流器效率，降低碱液蒸发能耗以及防止环境污染等，一直是氯碱工业努力的方向。

我国氯碱工业始于 20 世纪 20 年代末。1949 年前，氯碱产品仅有氢氧化钠、盐酸、漂白粉、液氯等少数品种，其中氢氧化钠平均年产量仅 1.5 万 t。1949 年后，在提高设备生产能力的基础上，

1

对电解技术和配套设备进行了一系列改进。20世纪50年代初，我国建成第一套水银电解槽，开始生产高纯度氢氧化钠，不久又研制成功立式吸附隔膜电解槽，并在全国推广应用。50年代后期，新建10多家氯碱企业，到60年代全国氯碱企业增至44家；70年代初，氯碱工业中的阳极材料进行了重大革新，开始在隔膜槽和水银槽中用金属阳极取代石墨阳极；80年代初，全国金属阳极电解槽年生产能力达80万t碱，约占生产总量的1/3。在此期间，氯碱工业中的整流设备、碱液蒸发，以及氯气加工、三废处理等工艺也都先后进行了改革，1983年氢氧化钠产量已达212.3万吨。

20世纪90年代后，我国氯碱企业为了提高自身的竞争力，纷纷扩大氢氧化钠装置规模，从1999年开始，掀起了一轮氢氧化钠扩建高潮，到2000年其生产能力已从1998年的686万吨/年增至800万吨/年。随后，氯碱企业向大规模、集约化方向迈进，2002年~2010年为第二轮高速增长期，2010年全国氢氧化钠规模超过2000万吨，企业平均规模达5万吨以上。目前我国氢氧化钠生产规模已居世界第一。

采用电解法制氢氧化钠的方法有隔膜法、水银法和离子膜法。其中隔膜法制得的碱液浓度较低，而且含有氯化钠，需要进行蒸发浓缩和脱盐等后加工处理。水银法虽可得到高纯度的浓碱，但水银（汞）有毒，因此，离子膜电解法（简称离子膜法）应运而生。1975年离子膜法首先在日本和美国实现工业化，此法用阳离子膜隔离阴、阳极室，可直接制得氯化钠含量极低的浓碱液，但阴极附近的氢、氧离子，具有很高的迁移速率，在电场作用下，仍不可避免地会有一部分透过离子膜进入阳极室，导致电流效率下降，因此对离子膜的要求比较苛刻。由于离子膜法综合了隔膜法和水银法的优点，产品质量高，能耗低，又无水银、石棉等公害，故被公认为当代氯碱工业的最新成就。

目前我国烧碱行业主要采用隔膜法和离子膜法两种工艺，造成严重环境污染的水银法已停止生产。隔膜法烧碱生产工艺属于产业政策要求于2015年底前淘汰的工艺，因此国内隔膜法生产规模和开工率正逐年降低。

2

二、产品概况

氯碱产品，通常指以电解氯化钠（氯化钾）盐水生产氢氧化钠（氢氧化钾），并伴生氯气、氢气的含氯产品。目前我国氯碱行业拥有氯碱产品 200 余种，主要品种 70 多种，涉及危险化学品生产许可证的氯碱产品主要有氢氧化钠（氢氧化钾）、液氯、盐酸、漂粉精、漂白粉、漂白液、次氯酸钠、三氯化磷、五氯化磷、三氯氧磷、氯化钡等品种。

1. 氢氧化钠

氢氧化钠的用途十分广泛，使用氢氧化钠最多的部门是化学药品的制造；其次是造纸、炼铝、炼钨、人造丝、人造棉和肥皂制造业；另外，在生产染料、塑料、药剂及有机中间体，旧橡胶的再生，制金属钠，水的电解以及无机盐生产中制取硼砂、铬盐、锰酸盐、磷酸盐等，也要使用氢氧化钠。因其具有吸水性，也常用做某些中性或碱性气体（如 O_2、H_2、NH_3 等）的干燥剂。目前国内电解法生产氢氧化钠的企业有 200 多家，主要分布在江苏省、山东省、河南省。

2. 氢氧化钾

氢氧化钾主要用作钾盐生产的原料，如高锰酸钾、碳酸钾等。在医药工业中，用于生产钾硼氢、安体舒通、沙肝醇、丙酸睾丸素等；在轻工业中用于生产钾肥皂、碱性蓄电池、化妆品（如冷霜、雪花膏和洗发膏）；在染料工业中，用于生产还原染料，如还原蓝 RSN 等；在电化学工业中，用于电镀、雕刻等；在纺织工业中，用于印染、漂白和丝光，并大量作为制造人造纤维、聚酯纤维的主要原料。此外，还用于冶金加热剂和皮革脱脂等方面。目前国内氢氧化钾生产企业有 20 家左右，主要分布在江苏省、山东省。

3. 液氯

液氯，为强氧化剂，一般气化后使用。广泛用于纺织、造纸工业的漂白，自来水的净化、消毒，镁及其他金属的炼制等，还可用于制取农药、洗涤剂、塑料、橡胶、医药等各种含氯化合物。目前国内液氯生产企业有 200 多家，主要分布在江苏省、山东省、河南省。

4. 盐酸

盐酸是重要的基本化工原料，应用十分广泛，主要用于生产各种氯化物，在湿法冶金中可用于提取各种稀有金属；是有机合成、纺织漂染、石油加工、制革造纸、电镀熔焊、金属酸洗中的常用酸；在有机药物生产中，盐酸是制取普鲁卡因、盐酸硫胺、葡萄糖等药品不可缺少的原料；在食品工业中可用于制味精和化学酱油；同时，在科学研究、化学实验中也是最常用的化学试剂之一。目前国内合成盐酸生产企业有 200 多家，副产盐酸生产企业有 500 多家。

5. 漂粉精

主要用于棉织物、麻织物、纸浆等的漂白。由于具有消毒杀菌作用，被广泛用于饮水、游泳池水净化、养蚕等方面，还可用于制造化学毒气和放射性的消毒剂。目前国内漂粉精生产企业有 20 家左右，产品大多用作出口。

6. 漂白粉

用于饮用水和果蔬的杀菌消毒，还常用于游泳池、浴室、家具等设施及物品的消毒，此外也常用于油脂、淀粉、果皮等食物的漂白，还可用于废水脱臭、脱色处理等。目前国内漂白粉生产企业有 20 多家，主要分布在江苏省、山东省。

7. 漂白液

漂白液的用途很广，在工业方面，以漂染厂的用量最大。目前我国漂白液的生产企业不多，约 20 家左右，多数是氯碱企业为处理废氯气而设置，产品大多自用。

8. 次氯酸钠

次氯酸钠溶液主要用于纸浆、纺织品（如布匹、毛巾、汗衫等）、化学纤维和淀粉的漂白；制皂工业可用作油脂的漂白剂；化学工业用于生产水合肼、单氯胺、双氯胺，也用于制造钴、镍的氯化剂；水处理中用作净水剂、杀菌剂、消毒剂；染料工业用于制造硫化宝蓝；有机工业用于制造氯化苦；农业和畜牧业用作蔬菜、水果、饲养场和畜舍等的消毒剂和去臭剂；食品制造设备、器具的杀菌消毒及饮料水、水果和蔬菜的消毒。目前国内次氯酸钠生产企业有 70 多家，主要分布在江苏省、山东省。

9. 三氯化磷

三氯化磷主要用于制造敌百虫、甲胺磷和乙酰甲胺磷以及稻瘟净等有机磷农药的原料；医药工业用于生产磺胺嘧啶（S. D）、磺胺五甲氧嘧啶（S. M. D）；染料工业用于色酚类的缩合剂。目前国内三氯化磷生产企业约有 50 家，主要分布在江苏省、山东省。

10. 三氯氧磷

三氯氧磷用于制取磷酸二苯 – 异辛酯、磷酸三乙酯等磷酸酯、塑料增塑剂、有机磷农药、长效磺胺药物等；还可用作染料中间体，有机合成的氯化剂和催化剂，阻燃剂；电子级三氯氧磷用于太阳能行业、集成电路、分离器件、光线预制棒等；液态磷源也可制备磷酸酯。目前国内三氯氧磷生产企业约有 30 多家，主要分布在江苏省、浙江省。

11. 五氯化磷

五氯化磷主要用作氯化剂、脱水剂，制造乙酰纤维素的催化剂。目前国内五氯化磷生产企业有 20 家，主要分布在江苏省、山东省。

三、国家相关政策介绍

1. 根据《氯碱（烧碱、聚氯乙烯）行业准入条件》（国家发展和改革委员会〔2007〕第 74 号公告）的规定，自 2007 年 12 月 1 日起，新建烧碱装置起始规模必须达到 30 万吨/年及以上（老企业搬迁项目除外），同时其产业布局、工艺装备、能源消耗等均应符合准入条件要求。

2. 依据《产业结构调整指导目录（2011 年本）》（国家发展和改革委员会令第 9 号）的规定，自 2011 年 6 月 1 日起施行，淘汰类及限制类如下。

淘汰类：隔膜法烧碱（2015 年）生产装置、0.5 万吨/年以下三氯化磷生产装置、1 万吨/年以下氢氧化钾生产装置。

限制类：新建烧碱生产装置、新建三氯化磷生产装置、单线产能 5 万吨/年以下氢氧化钾生产装置。

四、生产许可证管理情况

2002 年《危险化学品安全管理条例》(国务院令第 344 号) 发布, 规定对危险化学品实施生产许可证管理, 为此, 国家质量监督检验检疫总局批准设立了全国工业产品生产许可证办公室危险化学品产品生产许可证审查部, 审查部设在中国石油和化学工业联合会, 下设 6 个审查分部, 负责配合组织实施危险化学品生产许可工作。

危险化学品氯碱分部设在化学工业氯碱氯产品质量监督检验中心, 配合审查部起草氯碱产品生产许可证实施细则, 跟踪氯碱产品的国家标准、行业标准以及技术要求的变化, 及时提出修订、补充产品实施细则的意见和建议, 配合省级质量技术监督局组织进行氯碱产品实施细则的宣贯。

氯碱产品生产许可证实施细则发布的过程和时间如下:

2002 年 8 月, 国家质检总局发布实施第一版《氯碱产品生产许可证实施细则》(以下简称《实施细则》), 细则中将第一批发证产品划分为 3 个单元 8 个产品。

2002 年 12 月, 国家质检总局组织对《实施细则》进行了修订, 增加了第二批 3 个单元 6 个产品, 改由省局组织审查, 国家发证。

2009 年 1 月, 国家质检总局发布实施第二版《实施细则》, 细则中将发证产品调整划分为 5 个单元 14 个产品, 改由审查部组织审查, 国家发证。

2011 年, 国家质检总局再次组织对《实施细则》进行修订, 将发证产品调整划分为 1 个单元 15 个产品品种, 并于 2011 年 1 月发布实施。细则规定上述产品全部下放省级发证。目前有 500 多家企业取得氯碱产品生产许可证。

经过近 10 年的生产许可管理, 企业在质量管理、生产资源、人力资源、技术文件、过程质量、产品检验等方面均有显著提高, 产品质量得到保证。

第二章 产品、工艺简介

一、典型产品性能

1. 氢氧化钠

化学式：NaOH，常温下是一种白色晶体，具有强腐蚀性。易溶于水，其水溶液呈强碱性，可以用作洗涤液，能使酚酞变红。氢氧化钠是一种极常用的碱，是化学实验室的必备药品之一。氢氧化钠在空气中易吸收水蒸气，必须用橡胶瓶塞对其密封保存。

工业上，氢氧化钠通常称为烧碱，或叫火碱、苛性钠。这是因为较浓的氢氧化钠溶液溅到皮肤上，会腐蚀表皮，造成烧伤。它对蛋白质有溶解作用，有强烈刺激性和腐蚀性（由于其对蛋白质有溶解作用，与酸烧伤相比，碱烧伤更不容易愈合）。粉尘刺激眼和呼吸道，腐蚀鼻中隔；溅到皮肤上，尤其是溅到黏膜，可产生软痂，并能渗入深层组织，灼伤后留有瘢痕；溅入眼内，不仅损伤角膜，而且可使眼睛深部组织损伤，严重者可致失明；误服可造成消化道灼伤、绞痛、黏膜糜烂、呕吐血性胃内容物、血性腹泻，有时发生声哑、吞咽困难、休克、消化道穿孔，后期可发生胃肠道狭窄。由于强碱性，对水体可造成污染，植物和水生生物应予以注意。

2. 氢氧化钾

化学式：KOH，纯品为白色斜方结晶，工业品为白色或淡灰色的块状或棒状，中等毒，强碱性及腐蚀性，极易吸收空气中水分而潮解，吸收二氧化碳而生成碳酸钾，易溶于水，能溶于乙醇和甘油，微溶于醚，当溶解于水、醇或用酸处理时产生大量热量。0.1mol/L 溶液的 pH 为 13.5，相对密度为 2.044，熔点 380℃（无水）。

3. 液氯

化学式：Cl_2，化学名称液态氯，为黄绿色的油状液体，有毒，沸点 $-34.6℃$，凝固点为 $-101.5℃$，在常压下即气化成气体，吸入人体能产生严重中毒，有剧烈刺激作用和腐蚀性，在日光下与其他易燃气体混合时发生燃烧和爆炸。氯是很活泼的元素，可以与大多数元素（或化合物）发生化学反应。

液氯不会燃烧，但可助燃。一般可燃物大都能在氯气中燃烧，一般易燃气体或蒸汽也都能与氯气形成爆炸性混合物。氯气能与许多化学品如乙炔、松节油、乙醚、氨、燃料气、烃类、氢气、金属粉末等猛烈反应发生爆炸或生成爆炸性物质，它几乎对金属和非金属都有腐蚀作用。

液氯对眼、呼吸系统黏膜有刺激作用。可引起迷走神经兴奋、反射性心跳骤停。急性中毒时轻度者出现黏膜刺激症状：眼红、流泪、咳嗽，肺部无特殊所见；中度者出现支气管炎和支气管肺炎表现，病人胸痛、头痛、恶心、较重干咳、呼吸及脉搏增快，可有轻度紫绀等；重度者出现肺水肿，可发生昏迷和休克。有时发生喉头痉挛和水肿，造成窒息。还可引起反射性呼吸抑制，发生呼吸骤停死亡。长期低浓度接触可致慢性中毒，可引起慢性支气管炎、支气管哮喘和肺水肿；可引起职业性痤疮及牙齿酸蚀症。

空气中浓度超标时，必须佩戴防毒面具，紧急事态抢救或逃生时，建议佩带正压自给式呼吸器。

4. 盐酸

化学式：HCl，学名氢氯酸，是氯化氢的水溶液，为无色液体。盐酸是一种强酸，浓盐酸具有极强的挥发性，在空气中冒白雾（与水蒸气结合形成小液滴），有刺鼻酸味。粗盐酸或工业盐酸因含杂质氯化铁而带黄色。

盐酸不燃，但具强腐蚀性、强刺激性，可致人体灼伤。接触盐酸蒸气或烟雾，可引起急性中毒，出现眼结膜炎，鼻及口腔黏膜有烧灼感，引发鼻衄、齿龈出血、气管炎等。误服可引起消化道灼伤、溃疡形成，有可能引起胃穿孔、腹膜炎等。眼和皮肤接触可致灼伤。长期接触，引起慢性鼻炎、慢性支气管炎、牙齿酸蚀症及皮肤损害等。对环境有危害，对水体和土壤可造成污染。

盐酸能与一些活性金属粉末发生反应，放出氢气，遇氰化物能产生剧毒的氰化氢气体，与碱发生中和反应，并放出大量的热。

在盐酸使用过程中，有大量氯化氢气体产生，应将吸风装置安装在容器边，再配合风机、酸雾净化器、风道等设备设施，将盐酸雾排出室外处理，也可在盐酸中加入酸雾抑制剂，以抑制盐酸酸雾的挥发产生。

5. 漂粉精

化学式：$3Ca(ClO)_2 \cdot 2Ca(OH)_2$，又称高效漂白粉，漂粉精为白色粉末或颗粒，具有强烈氯臭、有腐蚀性和较强的氧化性。易溶于冷水，在热水和乙醇中分解。加热会急剧分解而引起爆炸，与酸作用放出氯气，与有机物及油类反应能引起燃烧，遇光也易发生爆炸和分解，产生氧气和氯气。其生产过程应密闭，加强通风，提供安全淋浴和洗眼设备，可能接触其粉尘时，建议佩戴头罩型电动送风过滤式防尘呼吸器。漂粉精露置空气中容易失效，应密封保存在阴暗处。

6. 漂白粉

漂白粉是氢氧化钙、氯化钙和次氯酸钙的混合物，其主要成分是次氯酸钙 $[Ca(ClO)_2]$，有效氯含量为 30% ~ 38%。漂白粉为白色或灰白色粉末或颗粒，有显著的氯臭味，很不稳定，吸湿性强，易受光、热、水和乙醇等作用而分解。

漂白粉溶解于水，其水溶液可以使石蕊试纸变蓝，随后逐渐褪色而变白。遇空气中的二氧化碳可游离出次氯酸，遇稀盐酸则产生大量的氯气。漂白粉粉尘对眼结膜及呼吸道有刺激性，可引起牙齿损害，皮肤接触可引起中至重度皮肤损害，漂白粉水溶液对胃肠道黏膜有刺激腐蚀性作用，其分解产物氯气是腐蚀性很强的有毒气体，刺激呼吸道及皮肤，能引起咳嗽和影响视力。不慎与眼睛接触后，应立即用大量清水冲洗并征求医生意见。应穿戴适当的防护服、手套和护目镜或面具，若发生事故或感不适，立即就医（可能的话，出示其标签）。本品助燃，具刺激性，与可燃物料接触可能引起火灾。受热、遇酸或日光照射会分解放出剧毒的氯气。

漂白粉应储存于阴凉、通风的库房，远离火种、热源，库温不超过30℃，相对湿度不超过80%。包装要求密封，不可与空气接触。应与还原剂、酸类、易（可）燃物等分开存放，切忌混储，不宜大量储存或久存，储区应备有合适的材料收容泄漏物。

7. 漂白液

漂白液是次氯酸钙和氯化钙的水溶液。有效氯含量一般在100g/L以下，易分解，由石灰乳吸收氯气制得。氯碱厂一般采用液氯的不凝废气、转送废气用水吸收制得，也可用电解槽开工时的低浓度氯气制取。

8. 次氯酸钠

化学式：NaClO，是钠的次氯酸盐。次氯酸钠反应产生的次氯酸是漂白剂的有效成分。

次氯酸钠溶液为腐蚀品，经常用手接触本品的人员，手掌大量出汗，指甲变薄，毛发脱落。本品有致敏作用，放出的游离氯有可能引起中毒。次氯酸钠不燃，具腐蚀性，可致人体灼伤，具致敏性。

次氯酸钠溶液应储存于阴凉、通风的库房，远离火种、热源，库温不宜超过30℃，应与酸类分开存放，切忌混储，储区应备有泄漏应急处理设备和合适的收容材料。

9. 三氯化磷

化学式：PCl_3，是一种无色透明发烟液体，密度$1.574g/cm^3$（21℃），熔点 - 112℃，沸点75.5℃，蒸气压13.33kPa（21℃），溶于乙醚、苯、氯仿、二硫化碳和四氯化碳。露于空气中能吸湿水解，成亚磷酸和氯化氢，发生白烟而变质，与氧作用生成三氯氧磷，与氯作用生成五氯化磷，与有机物接触会着火，易燃，易刺激黏膜，有腐蚀性，有毒。

三氯化磷气体有毒，有刺激性和强腐蚀性，遇水发生激烈反应，可引起爆炸，吸入三氯化磷气体后能使结膜发炎，喉痛及眼睛组织破坏，对肺和黏膜都有刺激作用。该品腐蚀性强，与皮肤接触容易灼伤。三氯化磷对环境有危害，对水体可造成污染。三氯化磷可燃，燃烧产生有毒氮氧化物和氯化物烟雾；遇水或酸即发热乃至爆炸。人体吸入后，应迅速脱离现场至空气新鲜处，保持呼吸道通畅，如呼吸困难，应立即输氧。

三氯化磷遇水猛烈分解，产生大量的热和浓烟，甚至爆炸，对很多金属尤其是潮湿空气存在下有腐蚀性。有害燃烧产物：氯化氢、氧化磷、磷烷。

建议应急处理人员戴自给正压式呼吸器，穿防酸碱工作服，不要直接接触泄漏物，尽可能切断泄漏源。小量泄漏时，用砂土、蛭石或其他惰性材料吸收。大量泄漏时，构筑围堤或挖坑收容，并在专家指导下清除。

10. 三氯氧磷

化学式：$POCl_3$，别名三氯亚磷、氧氯化磷、氯化磷酰、磷酰氯。室温下为无色液体，有刺激性气味，强烈发烟，有吸湿性，遇水和乙醇分解发热。相对密度（d_{25}）1.645，熔点1.25℃，沸点105.8℃，中等毒，半数致死量（大鼠，经口）380mg/kg，有催泪性和腐蚀性，在潮湿空气中发烟，水解为磷酸及具刺激性的盐酸液滴。

11. 五氯化磷

化学式：PCl_5，别名过氯化磷，为白色至浅黄色结晶块。有刺激性不愉快的气味，发烟，易潮解，约在100℃升华，不熔融。遇水水解，生成磷酸和氯化氢。遇醇类生成相应氯化物，溶于二硫化碳和四氯化碳，相对密度3.6，熔点148℃（加压下），沸点160℃，低毒，有腐蚀性。

二、典型产品主要质量指标

1. 产品单元、产品品种、型号、规格、等级

典型产品的产品单元、产品品种、型号、规格、等级见表2-1。

表2-1 产品单元、产品品种、型号、规格及等级

产品单元	产品序号	产品品种	型号	规格	等级
氯碱	1	工业用氢氧化钠	固体 IS－IT	Ⅰ、Ⅱ	优等品、一等品、合格品
			固体 IS－DT	Ⅰ、Ⅱ	优等品、一等品、合格品
			固体 IS－CT	Ⅰ	优等品、一等品、合格品
			液体 IL－IT	Ⅰ、Ⅱ	优等品、一等品、合格品
			液体 IL－DT	Ⅰ	优等品、一等品、合格品
				Ⅱ	一等品、合格品
			液体 IL－CT	Ⅰ	优等品、一等品、合格品
	2	高纯氢氧化钠	固体 HS	Ⅰ	优等品、一等品
			液体 HL	Ⅰ、Ⅱ、Ⅲ	优等品、一等品
	3	化纤用氢氧化钠	固体 FS	Ⅰ	优等品、一等品
			液体 FL	Ⅰ、Ⅱ、Ⅲ	优等品、一等品
	4	天然碱苛化法氢氧化钠	固体 IS	—	优等品、一等品、合格品
			液体 IL	—	优等品、一等品、合格品
	5	工业用液氯	—	—	优等品、一等品、合格品
	6	工业用合成盐酸	—	—	优等品、一等品、合格品
	7	高纯盐酸	—	—	优等品、一等品、合格品
	8	副产盐酸	—	Ⅰ、Ⅱ、Ⅲ	—
	9	次氯酸钙（漂粉精）	钙法	—	优等品、一等品、合格品
			钠法	—	优等品、一等品、合格品

产品单元	产品序号	产品品种	型号	规格	等级
氯碱	10	漂白粉	—	B－35、B－32、B－28	—
	11	漂白液	—	Ⅰ、Ⅱ	—
	12	次氯酸钠溶液	A型	Ⅰ、Ⅱ	—
			B型	Ⅰ、Ⅱ、Ⅲ	—
	13	工业用三氯化磷	—	—	优等品、一等品、合格品
	14	工业用三氯氧磷	—	—	优等品、一等品、合格品
	15	工业用五氯化磷	—	—	优等品、一等品、合格品
无机产品（Ⅱ类）	1	工业氢氧化钾		固体Ⅰ类	优等品、一等品
				固体Ⅱ类	一等品、合格品
				液体	一等品、合格品
	2	高品质片状氢氧化钾			优等品、一等品
	3	工业离子膜法氢氧化钾溶液		Ⅰ型	优等品、一等品
				Ⅱ型	优等品、一等品

2. 产品主要质量指标

产品性能指标及判定标准见表2－2。

13

表 2-2 产品性能指标及判定标准

序号	产品品种	检验项目	检验标准	判定标准
1	工业用氢氧化钠	氢氧化钠	GB/T 4348.1—2000 GB/T 11213.1—2007	GB 209—2006
		碳酸钠	GB/T 4348.1—2000 GB/T 7698—2003	
		氯化钠	GB/T 4348.2—2002	
		三氧化二铁	GB/T 4348.3—2002	
2	高纯氢氧化钠	氢氧化钠	GB/T 4348.1—2000 GB/T 11213.1—2007 及 GB/T 7698—2003	GB/T 11199—2006
		碳酸钠	GB/T 7698—2003	
		氯化钠	GB/T 11213.2—2007	
		三氧化二铁	GB/T 4348.3—2002	
		氯酸钠	GB/T 11200.1—2006	
		氧化钙	GB/T 11200.3—2008	
		三氧化二铝	GB/T 11200.2—2008	
		二氧化硅	GB/T 11213.4—2006	
		硫酸盐	GB/T 11213.5—2006	
3	化纤用氢氧化钠	氢氧化钠	GB/T 4348.1—2000 GB/T 11213.1—2007 及 GB/T 7698—2003	GB/T 11212—2003
		碳酸钠	GB/T 4348.1—2000 GB/T 7698—2003	
		氯化钠	GB/T 11213.2—2007	
		三氧化二铁	GB/T 4348.3—2002	
		钙	GB/T 11213.3—2003	
		二氧化硅	GB/T 11213.4—2006	
		硫酸钠	GB/T 11213.5—2006	
		铜	GB/T 11213.7—2008	

14

序号	产品品种	检验项目	检验标准	判定标准
4	天然碱苛化法氢氧化钠	氢氧化钠	GB/T 4348.1—2000	HG/T 3825—2006
		碳酸钠	GB/T 4348.1—2000	
		氯化钠	GB/T 4348.2—2002	
		三氧化二铁	GB/T 4348.3—2002	
5	工业用液氯	氯含量	GB 5138—2006	GB 5138—2006
		水分含量		
		三氯化氮含量		
		蒸发残渣		
6	工业用合成盐酸	总酸度	GB 320—2006	GB 320—2006
		铁		
		硫酸盐		
		砷		
		灼烧残渣		
		氧化物		
7	高纯盐酸	总酸度	HG/T 2778—2009	HG/T 2778—2009
		钙		
		镁		
		铁		
		蒸发残渣		
		游离氯		
8	副产盐酸	总酸度	HG/T 3783—2005	HG/T 3783—2005
		重金属		
9	次氯酸钠溶液	有效氯	GB 19106—2003	GB 19106—2003
		游离碱		
		铁		
		重金属		
		砷		

序号	产品品种	检验项目	检验标准	判定标准
10	漂白粉	有效氯	HG/T 2496—2006	HG/T 2496—2006
		水分		
		有效氯与总氯量之差		
		热稳定系数		
11	漂白液	有效氯	HG/T 2497—2006	HG/T 2497—2006
		残渣		
12	次氯酸钙（漂粉精）	有效氯	GB/T 10666—2008	GB/T 10666—2008
		水分		
		稳定性检验有效氯损失		
		粒度		
13	工业用三氯化磷	三氯化磷含量	HG/T 2970—2009 HG/T 4075—2008 GB/T 615—2006	HG/T 2970—2009
		正磷酸含量		
		游离磷含量		
		沸程		
14	工业用三氯氧磷	三氯氧磷含量	HG/T 3606—2009 GB/T 615—2006	HG/T 3606—2009
		三氯化磷含量		
		沸程		
15	工业用五氯化磷	五氯化磷含量	HG/T 4108 – 2009	HG/T 4108 – 2009
		三氯化磷含量		
		灼烧残渣含量		
16	工业氢氧化钾	氢氧化钾含量	GB/T 1919—2000	GB/T 1919—2000
		碳酸钾含量	GB/T 1919—2000	
		氯化物含量	GB/T 3051—2000	
		铁含量（固体）	GB/T 3049—1986	
		氯酸钾含量（固体Ⅰ类优等品）	GB/T 1919—2000	

序号	产品品种	检验项目	检验标准	判定标准
16	工业氢氧化钾	硫酸盐（固体Ⅰ类）	GB/T 1919—2000	GB/T 1919—2000
		硝酸盐及亚硝酸盐（固体Ⅰ类）	GB/T 1919—2000	
		钠	GB/T 1919—2000	
17	高品质片状氢氧化钾	氢氧化钾含量	HG/T 3688—2010	HG/T 3688—2010
		碳酸钾含量	HG/T 3688—2010	
		氯化物含量	GB/T 3051—2000	
		铁含量	GB/T 3049—2006	
		硫酸盐含量	HG/T 3688—2010	
		硝酸盐及亚硝酸盐含量	HG/T 3688—2010	
		钠含量	HG/T 3688—2010	
		磷酸盐含量	GB/T 2306—2008 的 5.8	
		硅酸盐含量	GB/T 2306—2008 的 5.9	
		铝含量	GB/T 2306—2008 的 5.12	
		钙含量	GB/T 2306—2008 的 5.13	
		镍含量	HG/T 3688—2010	
		重金属含量	GB/T 2306—2008 的 5.17	
18	工业离子膜法氢氧化钾溶液	氢氧化钾质量分数	HG/T 3815—2006	HG/T 3815—2006
		碳酸钾质量分数	GB/T 7698—2003	
		氯化物质量分数	HG/T 3815—2006	

序号	产品品种	检验项目	检验标准	判定标准
18	工业离子膜法氢氧化钾溶液	钠质量分数	HG/T 3815—2006	HG/T 3815—2006
		铁的质量分数	HG/T 3815—2006	
		钙	HG/T 3815—2006	
		铝	HG/T 3815—2006	
		氯酸钾	HG/T 3815—2006	
		重金属	HG/T 3815—2006	

注：表中所列检验项目全部为许可证检验项目。

三、典型生产工艺

（一）工艺流程

典型产品工艺流程图见图 2 - 1 ～ 图 2 - 12。其中标有"●"的为关键工序及质量控制点。氢氧化钾的工艺流程与氢氧化钠相同，仅原料不同。

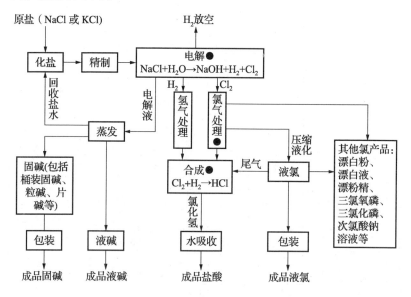

图 2 - 1　氯碱产品工艺流程图

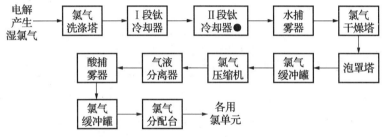

图 2 - 2　氯气处理工艺流程图

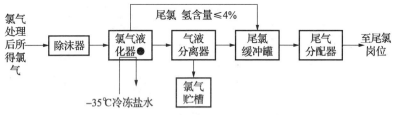

图 2 - 3　氯气液化工艺流程图

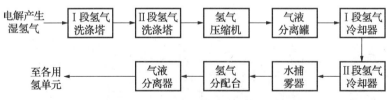

图 2 - 4　氢气处理工艺流程图

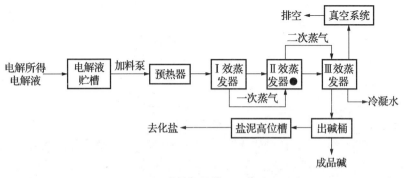

图 2 - 5　氢氧化钠蒸发工艺流程图

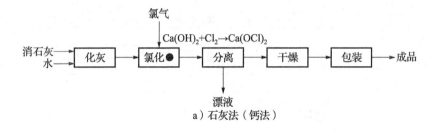

a）石灰法（钙法）

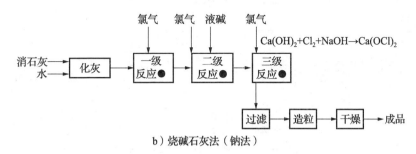

b）烧碱石灰法（钠法）

图2－6　漂粉精工艺流程图

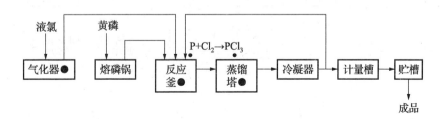

图2－7　三氯化磷工艺流程图

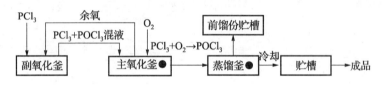

图2－8　三氯氧磷工艺流程图（氧化法）

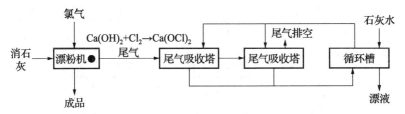

图 2-9 漂白粉工艺流程图

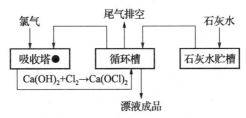

图 2-10 漂白液工艺流程图

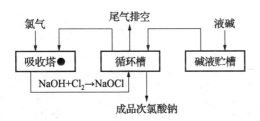

图 2-11 次氯酸钠工艺流程图

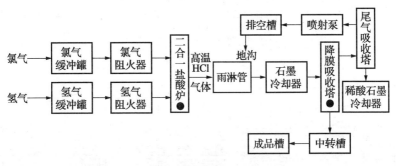

图 2-12 合成盐酸工艺流程图（二合一炉）

（二）关键工序、控制参数和关键质量控制点

典型产品关键工序、控制参数和关键质量控制点见表 2 - 3。

表 2 - 3　典型产品关键工序、控制参数和关键质量控制点

序号	关键工序	控制参数	关键质量控制点
1	盐水工序（氢氧化钠、氢氧化钾生产）	① 粗盐水浓度	① 精盐水浓度
		② 前反应氢氧化钠（氢氧化钾）过碱量	② 一次精盐水钙镁含量
		③ 一次盐水含游离氯	③ 二次盐水含杂质量（离子膜法）
		④ 后反应槽碳酸钠（碳酸钾）过碱量	④ 进螯合树脂塔 pH（离子膜法）
2	电解工序（电解法氢氧化钠、氢氧化钾生产）	① 电解槽内液位	① 电解液浓度
		② 电解槽电流和电压	② 淡盐水浓度（离子膜法）
		③ 电解槽的温度和压力	③ 碱总管碱含量
3	淡盐水工序（电解法）	① 脱氯塔真空压力	① 淡盐水 pH
4	氢氧化钠蒸发（及固碱）工序（氢氧化钾蒸发（及固碱）工序）	① 蒸发器压力、真空度（末效）	① 各效蒸发器碱液浓度
		② 各效蒸发温度	② 碱液含氯化钠（氯化钾）
		③ 各效蒸发器液面控制	
		④ 熬碱温度（固碱）	
5	氯气处理工序（液氯生产的前工序）	① 氯气钛冷却器温度控制	① 氯气浓度
		② 氯气冷却出口温度	② 氯气含水
		③ 硫酸温度	③ 一塔硫酸浓度
		④ 氯中含水	

序号	关键工序	控制参数	关键质量控制点
6	液氯工序（液氯生产）	① 氯气纯度	① 尾氯纯度
		② 氯气温度	② 尾氯含氢
		③ 液化效率	③ 三氯化氮含量
7	盐酸工序（合成盐酸、高纯盐酸生产、副产盐酸）	① 氯气、氢气配比（合成）	① 盐酸浓度
		② 氯化氢吸收温度	
8	次氯酸盐类产品（次氯酸钠、漂白粉、漂粉精、漂白液生产）	① 氯化反应温度	① pH
			② 游离碱
			③ 水分（漂粉精、漂白粉）
9	含磷氯化物（三氯化磷、五氯化磷、三氯氧磷）	① 通入氯气量	① 游离磷含量
		② 氯化反应温度	② 三氯化磷、三氯氧磷、五氯化磷浓度
		③ 反应釜压力	③ 尾气控制（pH、浓度）
		④ 蒸馏温度	

注：氢氧化钾的生产工艺与控制要求与氢氧化钠安全相同，仅原料不同。

因原料、工艺、设备等的不同，表中所列质量控制点的控制值与其实际控制值有可能不一致，在实地核查中，应根据企业的工艺文件要求进行检查。

四、主要生产设备

主要生产设备见表2-4。

表2-4　主要生产设备

序号	工序	设备	备注
1	盐水工序（氢氧化钠、氢氧化钾）	化盐桶	
		澄清设备	道尔型、斜板型、浮上澄清桶等
		过滤设备	虹吸式
		洗泥设备	三层洗泥桶、半框压滤机等

序号	工序	设备	备　注
2	电解工序（氢氧化钠、氢氧化钾）	电解槽	隔膜电解槽、单极式/复极式离子膜电解槽
3	蒸发工序（氢氧化钠、氢氧化钾）	蒸发器	自然循环型蒸发器、强制循环蒸发器、不循环蒸发器：升膜/降膜蒸发器
		盐处理设备	离心机、滤盐箱
		电解碱液预热器	
4	氢气处理工序	氢气冷却塔	
		氢气压缩机	
5	氯气处理工序	填料塔	
		板式塔	
		列管换热器	
		氯气压缩机	
		气液分离器	
		氯气除雾器	
6	液氯工序	液化器	氨制冷液化器、氟利昂制冷机组
		液氯热交换器	
7	盐酸工序	合成炉	铁制炉、石墨合成炉：三合一炉（合成、冷却、吸收）；二合一炉（合成、吸收）
8	固碱工序（片碱、粒碱）	膜法固碱	升膜蒸发器、降膜蒸发器、熔盐载热体、造粒塔（粒碱）
		锅法固碱	固碱锅、片碱机、冷却绞笼
9	次氯酸盐产品	氯化反应釜	带控温的反应釜（槽）、降膜吸收塔
		过滤装置	漂粉精
		干燥装置、造粒装置	漂白粉、漂粉精
		尾气吸收塔	

序号	工序	设备	备注
10	含磷氯化物（三氯化磷、五氯化磷、三氯氧磷）	氯化釜	
		熔磷池	包括磷计量槽
		填料塔	
		冷凝器	
		液氯气化装置	液氯储罐、液氯气化器、氯气缓冲罐
		精馏塔	含精馏釜、低沸釜
		氧气装置	液氧储罐、液氧气化器、氧气缓冲罐

注：氢氧化钾的生产工艺与主要设备完全相同，仅原料不同。

典型生产设备如图 2～13～图 2～30 所示。

图 2－13　盐水沉降器

图 2－14　蒸发系统

图 2 - 15　隔膜电解系统

图 2 - 16　隔膜电解槽

图 2 - 17　隔膜电解槽阴极箱和阳极

图 2 - 18　片碱机

图 2 - 19　片碱机和绞笼

图 2 - 20　储槽

图 2 - 21　离子膜电解系统

图 2 - 22　离子膜电解槽结构

图 2 – 23 盐酸石墨合成炉

图 2 – 24 液氯储槽

图 2 – 25 液氯压缩制冷装置

图 2 – 26 液氯排污罐

图2-27 液氯分离器

图2-28 液氯罐装装置及液氯瓶

图2-29 事故池

图2-30 气体报警器（分有毒、可燃气体）

第三章 产品检验

一、进货检验

为确保原材料符合规定要求，企业应对所用的主要原材料进行检验或验证，出具原材料检验或验证报告，检验或验证的内容可根据情况自行确定（原材料一般都有标准，可对比标准制定检验或验证规定），原材料检验完成前后应标识检验状态，以保证所采购的原材料能满足生产合格产品的需要。

二、过程检验

为及时进行质量监控，避免将不合格半成品转入下道工序，企业应按产品生产工艺特性，建立半成品检验规程，并按半成品检验规程进行检验。过程检验完成前后应标识检验状态，确保企业提高合成收率，降低生产成本。

三、出厂检验

出厂产品应严格按相应的国家标准、行业标准，或高于国家标准、行业标准的企业标准规定的检验项目和检验方法进行检验，对全部达到所执行标准规定技术要求的产品，出具符合标准要求的检验报告和合格证。不合格产品绝不允许出厂，必须经过再加工和再检验，达到标准要求判定合格后才能放行。

出厂检验项目为所生产的每批产品均要进行检验的项目指标。出厂检验项目及判定标准见表3-1。

表 3 – 1 出厂检验项目及判定标准

序号	产品品种	检验项目	检验标准	判定标准
1	工业用氢氧化钠	氢氧化钠	GB/T 4348.1—2000 GB/T 11213.1—2007	GB 209—2006 注：IS－IT、IL－IT 规格型号产品的碳酸钠为型式检验项目
		碳酸钠	GB/T 4348.1—2000 GB/T 7698—2003	
		氯化钠	GB/T 4348.2—2002	
2	高纯氢氧化钠	氢氧化钠	GB/T 4348.1—2000 GB/T 11213.1—2007 及 GB/T 7698—2003	GB/T 11199—2006
		氯化钠	GB/T 11213.2—2007	
		三氧化二铁	GB/T 4348.3—2002	
3	化纤用氢氧化钠	氢氧化钠	GB/T 4348.1—2000 GB/T 11213.1—2007 及 GB/T 7698—2003	GB/T 11212—2003
		碳酸钠	GB/T 4348.1—2000 GB/T 7698—2003	
		氯化钠	GB/T 11213.2—2007	
		三氧化二铁	GB/T 4348.3—2002	
		二氧化硅	GB/T 11213.4—2006	
4	天然碱苛化法氢氧化钠	氢氧化钠	GB/T 4348.1—2000	HG/T 3825—2006
		碳酸钠	GB/T 4348.1—2000	
		氯化钠	GB/T 4348.2—2002	
		三氧化二铁	GB/T 4348.3—2002	
5	工业用液氯	氯含量	GB 5138—2006	GB 5138—2006
6	工业用合成盐酸	总酸度	GB 320—2006	GB 320—2006
		铁		
7	高纯盐酸	总酸度	HG/T 2778—2009	HG/T 2778—2009
		钙		
		镁		
		铁		
		蒸发残渣		
		游离氯		

序号	产品品种	检验项目	检验标准	判定标准
8	副产盐酸	总酸度	HG/T 3783—2005	HG/T 3783—2005
9	次氯酸钠溶液	有效氯	GB 19106—2003	GB 19106—2003
		游离碱		
10	漂白粉	有效氯	HG/T 2496—2006	HG/T 2496—2006
		水分		
		有效氯与总氯量之差		
		热稳定系数		
11	漂白液	有效氯	HG/T 2497—2006	HG/T 2497—2006
		残渣		
12	次氯酸钙（漂粉精）	有效氯	GB/T 10666—2008	GB/T 10666—2008
		水分		
		稳定性检验有效氯损失		
		粒度		
13	工业用三氯化磷	三氯化磷含量	HG/T 2970—2009 HG/T 4075—2008 GB/T 615—2006	HG/T 2970—2009
		正磷酸含量		
		游离磷含量		
		沸程		
14	工业用三氯氧磷	三氯氧磷含量	HG/T 3606—2009 GB/T 615—2006	HG/T 3606—2009
		三氯化磷含量		
		沸程		
15	工业用五氯化磷	五氯化磷含量	HG/T 4108—2009	HG/T 4108—2009
		三氯化磷含量		
		灼烧残渣含量		

序号	产品品种	检验项目	检验标准	判定标准
16	工业氢氧化钾	氢氧化钾含量	GB/T 1919—2000	GB/T 1919—2000
		碳酸钾含量	GB/T 1919—2000	
		氯化物含量	GB/T 3051—2000	
		铁含量（固体）	GB/T 3049—1986	
		氯酸钾含量	GB/T 1919—2000	
17	高品质片状氢氧化钾	氢氧化钾含量	HG/T 3688—2000（2009）	HG/T 3688—2000（2009）
		碳酸钾含量	HG/T 3688—2000（2009）	
		氯化物含量	GB/T 3051—2000	
		铁含量	GB/T 3049—1986	
		硫酸盐含量	HG/T 3688—2000（2009）	
		硝酸盐及亚硝酸盐含量	HG/T 3688—2000（2009）	
		钠含量	HG/T 3688—2000（2009）	
		磷酸盐含量	GB/T 2306—1997 的 5.7	
		硅酸盐含量	GB/T 2306—1997 的 5.8	
		铝含量	GB/T 2306—1997 的 5.11	
		钙含量	GB/T 2306—1997 的 5.12	
		镍含量	HG/T 3688—2000（2009）	
		重金属含量	GB/T 2306—1997 的 5.16	
18	工业离子膜法氢氧化钾溶液	氢氧化钾质量分数	HG/T 3815—2006	HG/T 3815—2006
		碳酸钾质量分数	GB/T 7698—2003	
		氯化物质量分数	HG/T 3815—2006	
		钠质量分数	HG/T 3815—2006	

四、型式检验

型式试验项目为质量稳定或检验周期较长的项目，企业应根据标准规定的周期进行检验。若企业不具备型式检验能力的，应委托具有资质的第三方检验机构进行检验。型式检验项目与周期要求见表3-2。

表3-2　型式试验项目与周期要求

产　　品	检验项目及检验周期要求			
工业用液氯	水分	三氯化氮	蒸发残差	每月一次
工业用氢氧化钠	碳酸钠	三氧化二铁	（IS-IT，IL-IT型）每月一次	
	三氧化二铁		（DT、CT型）每月一次	
高纯氢氧化钠	碳酸钠		二氧化硅	氯酸钠	每月一次
	三氧化二铝	氧化钙	每月一次	
化纤用氢氧化钠	钙	硫酸钠	铜	每月一次
工业用合成盐酸	灼烧残渣	游离氯	砷	每月一次
高纯盐酸	蒸发残渣	每月一次		
副产盐酸	重金属	每月一次		
次氯酸钠溶液	铁	重金属	砷	每月一次
漂白粉	热稳定系数	每月一次		
漂白液	残渣	每月一次		
次氯酸钙(漂粉精)	稳定性	粒度	（钙法）每月一次	
工业用三氯化磷	正磷酸含量	每月一次		
工业用五氯化磷	灼烧残渣	每月一次		

产　品	检验项目及检验周期要求					
工业用氢氧化钾	氯酸钾含量（固体Ⅰ类优等品）	硫酸盐（固体Ⅰ类）	硝酸盐及亚硝酸盐（固体Ⅰ类）	钠	每3个月一次	
工业离子膜法氢氧化钾溶液	铁的质量分数	钙	铝	氯酸钾	重金属	每3个月一次

五、典型检验设备

典型检验设备如图 3-1～图 3-12 所示。

图 3-1　分光光度计

图 3-2　原子吸收光度计

图 3-3　ICP 光谱仪

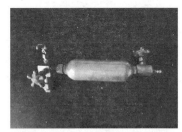

图 3-4　液氯取样器（小钢瓶）

图 3-5　三氯化氮测定装置

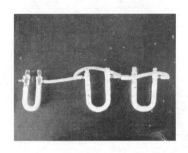

图 3-6　液氯水分测定用吸收管

图 3 – 7　吸收用五氧化二磷

图 3 – 8　液氯残渣测定装置

图 3 – 9　用液氯取样器取样

图 3 – 10　液氯取样器与液氯钢瓶连接

图 3 – 11　氢氧化钠中碳酸盐测定装置

图 3 – 12　氢氧化钠中碳酸盐测定装置

第四章　专业条款核查要点

一、专业条款分布

氯碱细则生产许可证企业实地核查办法中的专业条款为：2.1、2.2、2.3、4.2、5.1、5.2、5.3、5.4、6.1、6.2、6.3、6.4。标注"＊"的为否决项目。

二、专业条款核查要点

1. 生产设施（核查办法2.1）＊

2.1　条款要求：企业必须具备满足生产和检验所需要的工作场所和设施，且维护完好。

（1）核查要点

① 是否具备满足申证产品生产和检验所需要的设施及场所。

② 设施是否能正常运转。

（2）核查方法

① 现场核查申证产品形成的全过程（包括原料仓库、生产车间、包装车间、成品仓库、过程控制及成品控制化验室以及其支持性过程如运输通讯等），查证是否具有相应工作场所，仓库、车间是否安装排风设施、防爆灯，是否有消防器材、喷淋设施等应急救援设施，储罐区是否有符合规定要求的围堰和避雷、消防设施及明显的标识和危险化学品警示标牌。根据产品的生产、加工工艺进行检查，如电解生产，是否有氯气报警器、氢气报警器等。使用液氯生产的企业是否有控制液氯钢瓶出现超量使用、保证钢瓶内有余氯的装置或措施。

② 现场核查相关设施的运转情况。

2. 设备工装（核查办法 2.2.1）[*]

2.2.1 条款要求：企业必须具有本实施细则 5.2（或企业工艺设计档）中规定的必备的生产设备和工艺装备，其性能和精度应能满足生产合格产品的要求。

（1）核查要点

① 是否具有细则 5.2（表 3）中规定的必备生产设备，必要时核查设备购销合同、发票等凭证及设备编号。

② 非典型工艺或分装企业是否具有工艺设计档中规定的必备生产设备。

③ 设备性能和精度是否满足生产合格产品要求。

（2）核查方法

① 按企业申报材料中填写的申证产品范围，对照细则中 5.2（表 3）现场核查企业是否配备每个产品品种必备的生产设备。

② 对于非典型工艺企业，对照工艺文件现场核查企业配备的生产设备是否与工艺文件中规定一致。

③ 核查企业配备的生产设备其性能和精度是否满足每个申证产品品种的生产质量要求。

3. 设备工装（核查办法 2.2.2）

2.2.2 条款要求：企业的生产设备和工艺装备应维护保养完好。

（1）核查要点

① 检查是否有设备维护和保养计划及实施的记录。

② 生产控制用仪器、仪表的性能和准确度是否满足检定规程的要求并在检定有效期内。

（2）核查方法

① 核查（车间）生产设备维护保养情况，设备能否正常运转。

② 查阅是否有设备维护保养计划及实施记录，查计划执行情况。

③ 核查（参观时察看）温控装置、压力表等生产过程控制用仪表是否完好，并经检定合格且在检定有效期内（也可以查阅资料）。

④ 查阅储罐（如有）设备维护保养情况，是否定期检查。

4. 测量设备（核查办法 2.3.1）*

2.3.1 条款要求：企业必须具有本实施细则 5.2 中规定的检验、试验和计量设备，其性能和精度应能满足生产合格产品的要求。

（1）核查要点

① 是否具有细则 5.2（表4）中规定的必备检测设备，必要时应核查其购销合同、发票等凭证及设备编号。

② 设备性能、精度是否能满足生产过程质量控制需要。

③ 测量设备包括标准物质，必要时查企业是否配备生产过程质量控制需要的相应标准物质。

（2）核查方法

① 按企业申报材料中填写的申证产品范围，对照细则中 5.2（表4）核查企业是否配备每个产品品种必备的检测设备。

② 核查证企业配备的检测设备其性能和精度是否满足每个申证产品品种的生产质量要求。

③ 核查时注意只要企业配备的检测设备能满足细则中 5.2（表4）必备检测设备功能要求即可，型号精度不必完全一致，例如，细则中规定必备检测设备为精度 0.01g 的天平，若企业配备了精度为 0.001g 的天平，精度高于规定要求，视为满足要求；细则中规定必备检测设备为鼓风干燥箱，温度范围：0~300℃；精度：±2℃，若企业配备了鼓风干燥箱，精度：±2℃，温度范围与规定不一致，但能满足申证产品生产过程质量控制需要，也视为满足要求。对于电解生产液氯产品的企业，核查是否有液氯取样器（小钢瓶）、水分测定装置、三氯化氮测定装置、液氯残渣测定（仅对优等品、一等品）装置。

5. 测量设备（核查办法 2.3.2）

2.3.2 条款要求：企业的检验、试验和计量设备应在检定或校准的有效期内使用。

（1）核查要点

检验、试验和计量设备是否在检定有效期内并有标识。

（2）核查方法

核查（参观时）检查设备状态标识，查证检验、试验和计量设备是否均经检定合格。也可以查阅检定或校准证书，查证检验、试验和计量设备是否均经检定合格。

6. 技术文件（核查办法4.2.1）

4.2.1 条款要求：技术文件应具有正确性，且签署、更改手续正规完备。

（1）核查要点

① 技术文件（如设计文件和工艺文件等）的技术要求和数据等是否符合有关标准和规定要求。

② 技术文件签署、更改手续是否正规完备（重点检查关键/特殊工序的工艺文件）。

（2）核查方法

① 抽查工艺文件（工艺规程、操作规程等），核查各工序技术要求和数据等，上一工序与下一工序衔接，核查各工序的技术要求和数据与有关标准和规定要求进行对照，要满足有关标准和规定要求，最终产品的有关技术要求要与对应的产品标准要求一致。

② 抽查技术文件（工艺规程、检验规程、岗位操作法、工艺卡片等），是否按照技术文件管理的要求，有编制、审核、批准。审核、批准人是否是技术文件管理中规定的符合要求的人员。核查产品标准更新时，工艺文件、检验规程是否进行相应的更新，以满足生产产品的要求。

7. 技术文件（核查办法4.2.2）

4.2.2 条款要求：技术文件应具有完整性，文件必须齐全配套。

（1）核查要点

技术文件是否完整、齐全（包括原始设计文件（新建企业）、技术要求等和工艺文件的工艺规程、岗位作业指导书、检验规程等以及原材料、半成品和成品各检验过程的检验、验证标准或规程等）。

（2）核查方法

① 查技术文件目录，是否包括设计文件（新建企业）、工艺手册、作业指导书，原材料、中间产品和成品的检验标准或检验规程、检验方法、验证规定等。

② 检查工艺文件的充分性，是否能够满足生产产品和检验、验证的需要。如规定的技术指标应有相应的指标值、检验或验证方法。

8. 技术文件（核查办法 4.2.3）

4.2.3 条款要求：技术文件应和实际生产相一致，各车间、部门使用的文件必须完全一致。

（1）核查要点：

① 技术文件是否与实际生产和产品一致。

② 各车间、部门使用的文件是否一致。

（2）核查方法

① 在生产现场核查技术文件要求与实际生产产品及工艺控制指标的一致性，检查工艺卡或工艺文件与实际控制记录的一致性。

② 抽查产品的技术文件，核查在技术工艺部门、生产管理部门、检验部门与生产车间等使用的文件是否为同一个版本，技术内容的一致性。

9. 采购控制（核查办法 5.1.4）

5.1.4 条款要求：企业应按规定对采购的原、辅材料以及外协件进行质量检验或者根据有关规定进行质量验证，检验或验证的记录应该齐全。

（1）核查要点

① 是否对采购及外协件的质量检验或验证作出规定。

② 是否按规定进行检验或验证。

③ 是否保留检验或验证的记录。

（2）核查方法

① 查采购及外协件的质量检验或验证有关规定，允许企业按如下几种或一种方法对采购的产品进行检验或验证：a. 对采购的产品按标准规定批批进行检验；b. 如果供应商质量信誉一直很好，从未出现质量问题，可规定由对方提供质量合格证，而对其供应的

产品只进行验证或抽查个别主要指标；c. 供应商质量信誉有保证，除对方提供质量证明外，对其产品不进行批批检验，只按标准规定进行抽查。

② 抽查部分主要原材料的采购检验或验证记录，核查是否按规定要求进行了检验或/和验证。

10. 工艺管理（核查办法 5.2.1）

5.2.1 条款要求：企业应制定工艺管理制度及考核办法，并严格进行管理和考核。

（1）核查要点

① 是否制定了工艺管理制度及考核办法。其内容是否完善可行。

② 是否按制度进行管理和考核。

（2）核查方法

① 查阅文件，是否制定了工艺管理制度及考核办法，文件中应规定工艺文件管理、编制和执行的部门或人员及其职责、工艺文件执行要求、工艺操作记录要求、工艺安全卫生管理要求、工艺管理的考核办法等内容。

② 抽查工艺管理考核记录，看是否按规定进行了考核。

11. 工艺管理（核查办法 5.2.2）

5.2.2 条款要求：原辅材料、半成品、成品、工装器具等应按规定放置，并应防止出现损伤或变质。

（1）核查要点

① 有无适宜的搬运工具、必要的工装器具、贮存场所和防护措施。

② 原辅材料、半成品、成品是否出现损伤或变质。

（2）核查方法

现场查看原料仓库、成品仓库、生产车间是否整洁，材料存放是否合理有序无损坏，粉料、液料是否分别存放，有合适防护措施（防雨淋、防暴晒、良好通风等）。

12. 工艺管理（核查办法 5.2.3）

5.2.3 条款要求：企业职工应严格执行工艺管理制度，按操

作规程、作业指导书等工艺文件进行生产操作。

（1）核查要点

是否按制度、规程等工艺文件进行生产操作。

（2）核查方法

① 现场观察操作工人是否规范操作、严格执行工艺文件。

② 抽查若干份生产操作记录，与相应的工艺文件核对，查证操作工人是否按操作规程进行了生产操作。重点查看关键工序、特殊工序。

13. 质量控制（核查办法 5.3.1）

5.3.1 条款要求：企业应明确设置关键质量控制点，对生产中的重要工序或产品关键特性进行质量控制。

（1）核查要点

① 是否对重要工序或产品关键特性设置了质量控制点。

② 是否在有关工艺文件中标明质量控制点。

（2）核查方法

查阅工艺流程图或有关工艺文件，查证是否设定了关键质量控制点，并在相关工艺文件中标明质量控制点。

14. 质量控制（核查办法 5.3.2）

5.3.2 条款要求：企业应制定关键质量控制点的操作控制程序，并依据程序实施质量控制。

（1）核查要点

① 是否制定关键质量控制点的操作控制程序，其内容是否完整。

② 是否按程序实施质量控制。

（2）核查方法

查阅文件，是否制定关键质量控制点的操作控制程序，规定了质量控制点的控制部门或人员、控制参数、控制要求及方法等。抽查质量控制点的控制记录（记录有的可能在生产操作记录或中控记录中），看是否按规定进行了控制。

氯碱行业的普遍要求，如表 4-1 所示。

表 4 - 1　氯碱行业的普遍要求

序号	工序名称	指标名称	控制范围
1	盐水工序（包括氢氧化钾）	一次精盐水钙镁含量	≤7mg/L
		二次盐水杂质含量	（Ga）、w（Mg）≤20×10^{-9}
		进螯合树脂塔 pH	碱性
		碳酸钠过碱量	0.25g/L ~ 0.6g/L
		电解盐水总胺含量	<4 mg/L
		电解盐水无机铵含量	<1 mg/L
2	电解工序（包括氢氧化钾）	入槽盐水温度	75℃ ~ 85℃（隔膜法）
		总管氯气氢含量	<1%（体积分数）
		氯气总管压力	0Pa ~ 98.0665Pa（0mmH$_2$O ~ − 10mmH$_2$O）
		氢气总管压力	0Pa ~ 98.0665Pa（0mmH$_2$O ~ + 10mmH$_2$O）
3	液氯工序	液化尾气氢含量	≤4%
		液化器排污三氯化氮	≤60g/m^3
		液氯钢瓶充装系数	≤1.25g/L
4	合成盐酸	氯氢比	1:（1.05 ~ 1.10）
		氢气纯度	≥98%
		氯气纯度	≥70%（石墨炉）≥65%
		氯气氢含量	≤3%
5	氯气处理	Ⅱ段钛冷却温度	>10℃（9.6℃结晶）
6	蒸发工序（包括氢氧化钾）	一次蒸汽压力	根据工艺流程不同
		末效真空度	>80.0kPa
		各效二次蒸汽压力	根据工艺设计
		各效碱液温度	根据工艺设计
7	固碱生产（包括氢氧化钾）	熬碱温度	450℃ ~ 480℃
		出碱温度	330℃ ~ 350℃

序号	工序名称	指标名称	控制范围
8	片碱生产（包括氢氧化钾）	升膜蒸发器真空度	> 80.0kPa
		降膜蒸发器进碱温度	120℃~140℃
		降膜蒸发器出碱温度	360℃~380℃
		片碱机进料温度	340℃~350℃
		闪蒸罐真空度	13.3kPa
		闪蒸罐二次蒸汽温度	360℃~370℃
9	次氯酸盐	通氯量	根据有效氯含量
		pH 值	控制为碱性
10	含磷氯化物	氯化反应温度	90℃（PCl_3）
		氧化反应温度	80℃（$POCl_3$）

15. 产品标识（核查办法 5.4）

5.4 条款要求：企业应规定产品标识方法并进行标识。

（1）核查要点

① 是否规定产品标识方法，能否有效防止产品混淆、区分质量责任和追溯性。

② 检查关键、特殊过程和最终产品的标识。

③ 工业用氢氧化钠（工业用火碱）的生产企业是否在产品标签上加印了"严禁用于食品和饲料加工"等警示标识。

（2）核查方法

① 查阅文件，是否有文件明确规定产品标识方法，对产品检验状态（待检、已检待判定、合格、不合格）进行标识，标识方法可以用多种形式，如划分区域、标签等。

② 现场查看车间、仓库标识实施情况，是否符合规定，能够避免混淆。

③ 仓库检查产品外包装是否有警示标识。

④ 桶碱及片碱（粒碱）包装及标识如图 4-1、图 4-2 所示。

16. 检验管理（核查办法 6.1.1）

6.1.1 条款要求：企业应有独立行使权力的质量检验机构或

47

图 4 – 1 桶碱包装及标识

图 4 – 2 片碱（粒碱）包装及标识

专（兼）职检验人员，并制定质量检验管理制度以及检验、试验、计量设备管理制度。

（1）核查要点：

① 是否有检验机构或专（兼）职检验人员，能否独立行使权力。

② 是否制定了检验管理制度和检测计量设备管理制度。

（2）核查方法

查阅文件，是否有检验管理和检测计量设备管理制度。相关文件中是否规定检验人员岗位职责。

17. 检验管理（核查办法 6.1.2）

6.1.2 条款要求：企业有完整、准确、真实的检验原始记录

和检验报告。

（1）核查要点

① 检查主要原材料、半成品、成品是否有检验的原始记录和检验报告。

② 检验的原始记录和检验报告是否完整、准确。

（2）核查方法

抽查若干份主要原材料、成品检验原始记录及检验报告，与文件或相关标准对照，是否按规定进行，有检验依据、合格判定等内容。

18. 过程检验（核查办法 6.2）

6.2　条款要求：企业在生产过程中要按规定开展产品质量检验，做好检验记录，并对产品的检验状态进行标识。

（1）核查要点

① 是否对产品质量检验作出规定。

② 是否按规定进行检验。

③ 是否作检验记录。

④ 是否对检验状况进行标识。

（重点检查关键工序的检验活动）

（2）核查方法

① 抽查若干份中间控制检验记录（有的记录在生产过程流转单中，关键工序检验点，主要具体按各企业文件规定进行），是否按相关文件要求控制，达到要求后转入下道工序。

② 现场查看中间控制检验状态标识（已检、待检）是否清晰。

③ 核查时注意，生产急需情况下，未检测先转入下道工序的，生产产品合格的，可视为符合要求，但需要有相关批准记录。

19. 出厂检验（核查办法 6.3）*

6.3　条款要求：企业应按本实施细则 5.3 的规定，对产品进行出厂检验和试验，出具产品检验合格证，并按规定进行包装和标识。

（1）核查要点

① 是否有出厂检验规定、包装和标识规定，若有，相关规定

是否符合标准或国家法律法规要求。

② 出厂检验是否符合标准要求。

③ 产品包装和标识是否符合规定。

（2）核查方法

① 抽取每个申证产品的出厂检验记录或检验报告若干份，对照产品标准或出厂检验规定，核查出厂检验项目是否与产品标准规定一致。

② 现场查看成品库中产品包装和标识是否符合规定，产品包装标识是否包含如下内容：产品名称及型号（产品若分装，标明组分；产品若有颜色，标明颜色）、产品执行标准及等级（标准中若分等级）、净含量、生产厂名、厂址、生产日期、批次（号）、有效贮存期、合格证（有检验章或检验人员代号）、产品使用说明、危险化学品警示标志等。

③ 核查时注意，出厂检验规定、包装和标识规定是否符合相应产品标准或国家法律法规要求。

④ 氯碱产品包装标识相关国家标准如下：

GB 190—2009 危险货物包装标志；

GB／T 191—2008 包装储运图示标志。

20. 定期检验（核查办法6.4）

6.4　条款要求：应按产品标准要求（见细则5.4）执行。

（1）核查要点

① 是否按标准规定进行了定期检验。

② 若缺少定期检验设备，是否委托具有第三方资质的检验机构实施检验。

③ 定期检验报告检验结果是否符合标准要求。

（2）核查方法

① 查阅若干份申证的每个产品品种的检验报告，对照细则中5.4（表6）或对应的产品标准，核实是否按标准规定进行了定期检验，检验结果是否符合标准要求（注意：有的产品标准中不同检验项目定期检验的间隔时间不同，有1个月、半年或一年等，是否按规定时间间隔进行了检验）。

② 若实施委托检验，查委托检验机构资质。

三、核查案例

（一）否决条款案例分析

1. 审查员在对生产企业进行实地核查时，在申证产品的生产现场发现没有开车生产，并且生产用的设备严重腐蚀，不少设备已经不能使用。企业负责人解释说，由于近年来产品市场不好，我们生产总是开开停停，而且化工企业面临着搬迁，如果没有许可证，我们的搬迁款政府给的很少，我们只能申请许可证。

分析：生产企业接受实地核查时，申证产品未生产，且生产设备不满足规定要求。不符合2.1条的规定，判定为否决项不符合，故对企业核查的结论为：不合格。

2. 审查员对某氯碱生产厂进行实地核查时发现，现场所用的温度表的精度为10℃、压力表的精度为0.1kPa。核查工厂的工艺规程规定，该点的温度控制要求为±2℃，压力控制要求为±0.05kPa。

分析：设备工装性能和精度未满足生产加工要求，无法保证产品质量控制。不符合2.2.1款的规定，判定为否决项不符合，故对企业核查的结论为：不合格。

3. 审查员在氯碱实地核查中发现某企业的液氯产品申请了优等品、一级品，检验设备中无液氯中三氯化氮和残渣测定装置及相关的冷源，企业检验室负责人解释说：三氯化氮和残渣是型式检验项目，客户有要求时才生产一等品或优等品，我们委托其他单位帮忙进行该项的检验。检查企业检验记录，近一年未检验该项目。

分析：产品标准中所列型式检验项目要求每月至少进行一次型式检验。企业缺少必备的检验仪器，也未按规定进行委托检验。不符合2.3.1款的规定，判定为否决项不符合，故对企业核查的结论为：不合格。

4. 审查员在对某烧碱加工（大锅熬制固碱、片碱）企业进行实地核查时，检查该产品的检验记录和报告，发现企业仅检验了氢氧化钠含量一项，其他出厂检验项目未检。企业人员解释：客户主要关心氢氧化钠含量，其他的不需要，顾客也没有反映我们的产品其他项目不合格。

分析：标准规定的出厂检验项目必须进行检验。不符合6.3条的规定，判定为否决项不符合，故对企业核查的结论为：不合格。

5. 某三氯化磷企业申报的产能为8000t，生产现场核查时发现企业只有一台不到10m³的反应釜，询问该釜的产量及反应时间，计算生产能力小于10t/d。生产负责人说：我们实行三班制，可以缩短反应时间，加大生产量。但核查三个月满负荷的产量，每月只有不到300t，年产量小于4000t。

分析：生产装置的生产能力无法满足年产5000t的要求，属于淘汰的产能，不符合7.1.1款。判定为否决项不符合，故对企业核查的结论为：不合格。

（二）专业条款案例分析

1. 审查员在实地核查中发现企业的分光光度计计量检定证书与正在使用的仪器不符，但又有该仪器的合格证。检验负责人说，原来的仪器坏了，新买了这台，是新仪器，并且有生产企业的有MC的合格证，就直接使用了。

分析：MC的合格证仅是仪器企业可以生产合格计量仪器的证明，不能代替检验设备计量检定。不符合2.3.2的规定，判定为轻微缺陷。

2. 审查员抽查企业工艺规程，工艺规程中的指标值与工艺卡的指标值不一致，企业解释说按工艺卡执行。

分析：技术文件制定有误。不符合4.2.1款的规定，判定为轻微缺陷。

3. 企业原材料检验规程中规定，其全部的原料检验均执行原料产品的国家标准、行业标准。但核查发现，企业仅有原料的产品标准，缺少引用的检验方法标准。

分析：技术文件不完整。不符合4.2.2款的规定，判定为轻微缺陷。

4. 企业原材料检验规程中规定，其全部的原料检验均执行原料产品的国家标准、行业标准。但核查发现，其某原料仅检验了主含量，其他的项目未进行检验。

分析：未按规定进行检验。不符合 5. 1. 4 款的规定，判定为轻微缺陷。

5. 实地核查发现，某企业某工段操作记录的控制值与工艺操作规程要求的控制值低许多，操作人员说，要控制到规定值很难，现在这样控制不影响产品质量。

分析：未按工艺管理制度、操作规程组织生产。不符合 5. 2. 3 款的规定，判定为轻微缺陷。

6. 审查员在某固碱加工企业进行实地核查时发现，工厂规定固碱的熬制和调色是关键质量控制点，但所提供的"关键质量控制点的操作控制程序"中未对温度控制、调色步骤进行明确规定。

分析：操作控制程序内容不完整，无操作性。不符合 5. 3. 2 款的规定，判定为轻微缺陷。

7. 审查员在某氯碱企业核查检验情况发现，其原料和成品的检验记录中没有环境温度、标准溶液浓度项，在半成品的检验记录项中使用密度计测量密度，未记录密度计编号。

分析：检验记录不完整。不符合 6. 1. 2 款的规定，判定为轻微缺陷。

第五章　产品抽样

一、抽样要求

企业实地核查合格后,工业用液氯、次氯酸钠溶液、漂白液、工业用三氯化磷、工业用三氯氧磷、工业用五氯化磷等产品需要现场检验的,由企业自主选择的检验机构进行现场抽样检验。其他产品的生产企业,由审查组负责组织抽样。抽样人员应不少于2人。

样品应自生产企业成品库或储罐、槽车、桶、袋中,从检验合格且在保质期内的产品中抽取。在企业申请的产品中,按品种/型号抽取一个样品(工业用氢氧化钠固体型号产品按申请规格分别抽取样品)。同品种/型号中有多规格、多等级时,只抽取高规格高等级的样品。不同生产厂所应当分别抽取样品。抽样时,应有被检企业代表现场确认。

1. 抽样基数:按照相关产品标准的规定进行确认。无明确规定的产品,抽样基数一般为生产企业一个批次的产品量,但不得少于抽样量的 1000 倍;有小包装单元的产品不得少于 10 件(袋、桶、瓶等)。

2. 抽样量:根据相关产品标准的规定,并按 GB 6678《化工产品采样总则》、GB 6679《固体化工产品采样通则》、GB 6680《液体化工产品采样通则》进行随机抽样。

钢桶装固体氢氧化钠按单批总桶数的5%(不得低于3桶)采样,装入两只样品瓶中,每瓶样品量不得少于 500g。

袋装固体产品(片碱、粒碱、漂粉精、漂白粉、工业用五氯化磷)按表 5-1 进行抽样,样品装入两只样品瓶中,每瓶样品量不得少于 500g。当总袋数大于 500 时,以公式 $n = 3 \times \sqrt[3]{N}$(N 为总袋数)确定,如是小数进为整数。

表 5－1　袋装固体产品抽样量

总袋数	采样袋数	总袋数	采样袋数
1～10	全部	182～216	18
11～49	11	217～254	19
50～64	12	255～296	20
65～81	13	297～343	21
82～101	14	344～394	22
102～123	15	395～450	23
124～151	16	451～512	24
152～181	17		

　　液氯必须采用液氯取样器（小钢瓶）取样。每瓶样品量不少于300g液氯。

　　3. 封样：所抽样品贴上盖有审查组织单位公章的封条，并由抽样人员和企业代表共同签字。一件作为检验用样，一件留企业备用。

二、抽样单的填写

　　抽样后，由抽样人员填写抽样单（见表5－2）一式四份（企业、审查部、全国许可证审查中心和检验机构各一份），所抽样品一式两份，一份样品送检验单位，一份留企业备用。抽样人员和企业代表共同签字确认并加盖企业公章。

表 5－2　氯碱产品生产许可证抽样单　　　编号：

企业情况	申请单位名称（盖章）	化工有限公司		
	生产地址	路 街 号	邮政编码	
	联系人		电话	传真	
	集团公司所属单位（盖章）	×××化工集团有限公司		
	生产地址	开发区 路 街 号	邮政编码	
	联系人		电话	传真	

抽样情况	产品单元	氯碱		
	样品名称	产品标准中的名称		
	产品品种	按细则	执行标准	填写产品执行的标准
	型号规格	按细则和产品标准	样品等级	填写企业申报的等级，无等级要求的划"/"线
	抽样基数	按实际基数填写，但要符合细则规定的最小基数	抽样数量	按细则和标准的要求，一般为液体 500mL×2；固体 500g×2
	生产日期	实际生产日期	抽样日期	要在审查结束后
	产品批号	按企业的编号	抽样地点	成品库（或成品贮槽）
	封样情况	说明用什么材料、器皿盛装，封条的位置。		
抽样人员签字	必须是审查组成员			
	至少两人签字			
企业人员签字	企业负责人员（企业领导或质量、检验负责人）	审查组织单位（盖章） 年 月 日		
备注				
说明	请企业在封样之日起 7 日内将样品送达生产许可证检验机构。			

注：以集团公司形式申请的企业，如集团公司不生产，集团公司可不盖章，集团公司所属单位必须盖章。

填写抽样单时，每项条款要书写清晰，填写规格型号、等级应与产品标准一致。抽样人签字要易于识别。

三、抽样注意事项

1. 许可证检验抽取样品为一次性抽样，抽样基数不符合要求或抽不到样品的按样品不合格处理。

2. 一般情况下，每个样品应不少于 250 g。

3. 对于个别在潮湿环境中和遇水时会发生剧烈反应的产品，

采样时要注意环境和气候的影响，以免产品质量发生改变。

4. 产品抽样的盛装器皿、材料要符合该产品标准中规定的要求。例如，对于高纯氢氧化钠产品和化纤用氢氧化钠产品当需要检验产品中硅含量时，不能使用玻璃瓶，要采用塑料瓶。

5. 在抽取危险性较大的产品时，抽样人员要进行必要的安全培训，抽样过程要佩戴必要的防护装备（如：防毒面具，防护服，戴防护手套等）。抽取液氯样品时应站在液氯钢瓶的上风向，避免在取样过程中的少量氯气溢出而吸入造成身体伤害。采好的样品进行混合时要在通风橱内与人隔离进行。工作现场禁止吸烟、进食、饮水等。

第六章　安全基础知识

在现场核查中，审查人员应首先了解企业有关安全的规定，进入生产现场前应关闭手机，按要求着装，不能穿有铁钉的鞋子，防止碰出火花引燃易燃易爆物品。女同志不能穿高跟鞋及裙子，以免扭伤脚趾或被腐蚀性物品迸溅，防止裙摆被转动的机器绞入。在现场核查中要注意防止上空物品跌落，配戴好安全帽。进入有毒气体场所，要观看风向，当出现有毒气体泄漏时，要用手巾等物品堵在口鼻，向逆风方向迅速离开。在易燃易爆场所不能抽烟和打手机。在现场的审查中如有液体滴落在身体上或身边，不要抬头瞭望，迅速离开有液体滴落的地方，如已经溅落到身体上，了解和查明是何液体，采用适当的处理措施。

在现场抽样（如液氯）过程中应站在液氯钢瓶的上风向，避免在取样过程中的少量氯气溢出而吸入造成身体伤害。如必要，应准备防护用品［如防毒面具（见图6-1）、工作服、手套等］。

图6-1　防毒面具

参 考 文 献

[1]《危险化学品安全管理条例》（国务院令第 591 号）

[2]《中华人民共和国工业产品生产许可证管理条例》（国务院令第 440 号）

[3]《安全生产许可证条例》（国务院令第 397 号）

[4]《中华人民共和国工业产品生产许可证管理条例实施办法》（国家质检总局令第 80 号）

[5]《国家质量监督检验检疫总局关于修改〈中华人民共和国工业产品生产许可证管理条例实施办法〉的决定》（修订）（国家质检总局令第 130 号）

[6]《产业结构调整指导目录（2011 年本）》（中华人民共和国国家发展和改革委员会令第 9 号）

[7]《部分工业行业淘汰落后生产工艺装备和产品指导目录（2010 年本）》（工产业〔2010〕第 122 号）

[8]《氯碱（烧碱、聚氯乙烯）行业准入条件》（国家发展和改革委员会〔2007〕74 号公告）

[9]《关于摩托车头盔等 11 类产品生产许可由省级质量技术监督部门负责审批发证的公告》（国家质检总局 2010 年第 89 号公告）

[10]《关于印发〈工业产品生产许可省级发证工作规范〉的通知》（国质检监〔2006〕413 号）

[11]《关于公布首批重点监管的危险化工工艺目录的通知》（安监总管三〔2009〕116 号）

[12] 陆忠兴，周元培. 氯碱化工生产工艺［M］. 北京：化学工业出版社，1995.